Cómo se elige una prueba estadística

DR. JOSÉ SUPO

Médico Bioestadístico

www.bioestadistico.com

Cómo se elige una prueba estadística – 6 criterios para elegir un procedimiento estadístico

Primera edición: Enero del 2014

Editado e Impreso por BIOESTADISTICO EIRL
Av. Los Alpes 818. Jorge Chávez, Paucarpata, Arequipa, Perú.

Hecho el depósito legal en la Biblioteca Nacional del Perú.

N ° 2014-00208

ISBN: 1494308479
ISBN-13: 978-1494308476

DEDICATORIA

A los investigadores, que aportan al conocimiento y a la construcción del método investigativo…

A los que pretenden con la ciencia mejorar el mundo.

CONTENIDO

Criterio número uno

Los tipos de investigación

En esta ocasión vamos a comentar los seis criterios que tenemos que tomar en cuenta para elegir un procedimiento estadístico y estos son:

- Los tipos de investigación
- Los niveles de investigación
- Los diseños de investigación
- Los objetivos estadísticos
- Las escalas de medición de las variables
- El comportamiento de los datos

Comencemos a desarrollar el primero de estos seis criterios correspondiente a los tipos de investigación, para ello debemos recordar que existen solamente cuatro clasificaciones operativas, cuatro formas de dividir a la investigación y que nos permiten construir adecuadamente el método, el camino hacia la obtención de conclusiones válidas.

Procedimientos estadísticos en estudios observacionales y experimentales

Según la intervención del investigador, los estudios son con intervención: llamados experimentales, o sin intervención, llamados observacionales. Uno de los niveles de la investigación donde podemos encontrar a estos dos tipos de estudio, es el nivel explicativo, allí donde se encuentran los estudios que pretenden demostrar la relación causa – efecto.

Para poder diferenciar el análisis estadístico debemos realizar los estudios observacionales y experimentales, debemos recordar que el experimento es uno de los criterios de causalidad de Bradford Hill, y por supuesto, debemos completar otro de los criterios de causalidad para poder demostrar esta relación, esto quiere decir que los estudios observacionales están en desventaja a lado de los estudios experimentales.

Cuando se trata de demostrar relaciones de causalidad y ¿cómo podemos compensar esta deficiencia metodológica, para poder concluir sobre relaciones causales mediante un estudio observacional? La estrategia para poder descartar las relaciones causales, espurias o aleatorias es mediante el análisis multivariado.

Mientras que en el estudio experimental podemos realizar análisis bivariado, porque cuenta con control metodológico, de hecho, los experimentos siempre son planeados, son prospectivos; mientras que los estudios observacionales se pueden realizar incluso con datos retrospectivos, con datos secundarios, con información que ya estaba previamente registrada.

Por ello, para poder tener la certeza de que la relación observada entre dos variables corresponde realmente a una causa y efecto, debemos poder descartar las asociaciones casuales mediante un análisis que involucre más variables, además de las que ya tenemos como dependiente e independiente, a esto le denominamos "análisis multivariado".

A este control que realizamos en los estudios observacionales se llama "control estadístico"; mientras que el control que realizamos en los estudios experimentales se llama "control metodológico", y esa es la principal diferencia entre estos dos tipos de estudio. El análisis estadístico que aplicamos en un estudio observacional siempre será más completo y más complejo a lado de un estudio experimental cuando queremos demostrar relaciones de causalidad.

Ahora veamos la segunda clasificación de los estudios en los que también vamos a identificar diferencias en cuanto al manejo estadístico de los datos.

Procedimientos estadísticos en estudios prospectivos y retrospectivos

Según la planificación de las mediciones de la variables de estudio, los estudios son planificados y se llaman prospectivos, o las mediciones no fueron planificadas por el investigador y los estudios se llaman retrospectivos. En el primer caso la información se considera primaria porque el investigador administra la medición de sus variables; mientras que en el estudio retrospectivo la información ya está registrada, el investigador se limita a transcribir los datos que necesita para su análisis estadístico.

Una clásica diferencia que encontramos entre los estudios prospectivos y los estudios retrospectivos son los diseños de cohortes, para los estudios prospectivos y caso-control para los estudios retrospectivos.

Esta es la primera diferencia y está en función a la planificación, a la variable de estudio, el objetivo de un estudio, caso-control o cohortes es identificar los factores de riesgo; la diferencia está en que el estudio prospectivo partimos de la causa y vamos en búsqueda del efecto, mientras estudio retrospectivo partimos del efecto y vamos en búsqueda de la causa.

Esto quiere decir que en estudio prospectivo la variable de estudio es una variable aleatoria porque no sabemos si se va a producir el efecto o no o por lo menos no sabemos en qué magnitud se va a producir; mientras que en el estudio retrospectivo, en el diseño de casos y controles, la construcción de los grupos se hace en función al efecto cien casos y cien controles, es un ejemplo de diseño de casos y controles.

Si vamos a ir en búsqueda de cien casos, quiere decir que estos ya estaban diagnosticados, cien diabéticos, por ejemplo. El investigador no hizo el diagnóstico de la diabetes, simplemente fue en búsqueda de cien personas que ya tenían este diagnóstico. La medición de la variable diabetes no fue planificada por el investigador y por eso es retrospectiva.

La medida de riesgo que utilizamos para evaluar a nuestros pacientes en el diseño de los casos y controles, es el riesgo relativo, mientras que la medida de riesgo que utilizamos para evaluar a nuestros pacientes en el diseño de los casos y controles, es el OR, llamado también _Odds Ratio_; en ambos casos la intención es medir o cuantificar la probabilidad aumentada que tienen los pacientes para enfermar, dado que tienen una determinada condición.

Como es lógico el estudio ideal en este caso es el diseño de cohortes donde se hace un seguimiento para ver si la condición que deseamos encontrar aparece a lo largo del tiempo después de la exposición ante un determinado factor; pero el diseño de cohortes es impráctico en el sentido de que no podemos estar haciendo medidas repetidas sobre los pacientes, por eso es que existe el diseño de los casos y controles.

La medida de riesgo llamada *Odds Ratio* no es la medida de riesgo ideal, sin embargo, es la forma más cercana que tenemos para estimar el verdadero riesgo. En un sentido coloquial podríamos decir que al "OR" le gustaría ser "RR" y todo el método apunta a que la medida del "OR" se aproxime con mayor precisión al valor de RR.

Entonces cuando hacemos un estudio retrospectivo el procedimiento estadístico no es igual al procedimiento estadístico que realizamos para un estudio prospectivo. Por ello debemos tener en cuenta la planificación de la medición de la variable de estudio cuando queremos elegir un procedimiento estadístico.

Procedimientos estadísticos en estudios transversales y longitudinales

Según el número de mediciones de la variable de estudio, si hacemos una sola medición, el estudio es transversal; pero si hacemos dos o más mediciones, el estudio es longitudinal.

Uno de los objetivos más frecuentes que encontramos en la investigación es la comparación. Para ello tenemos que disponer de dos grupos o de dos medidas en los transversales, lo que habitualmente comparamos son los grupos, denominados grupos independientes. En los estudios longitudinales lo que habitualmente comparamos son las medidas de un mismo grupo, algunos los denominan muestras relacionadas o muestras emparejadas. Pero, en realidad, no se trata de muestras sino de medidas de un mismo grupo o de una misma muestra.

Si la variable aleatoria que queremos comparar ya sea entre los grupos o entre las medidas es una variable numérica, lógicamente utilizaremos la prueba *t de Student*, pero se trata de dos versiones distintas de la prueba t.

En los estudios transversales, cuando queremos comparar dos grupos utilizamos la prueba t de Student para muestras independientes y tenemos que asegurarnos que además de la distribución normal que deben tener los dos grupos, deben tener también varianzas homogéneas, porque esta es la única forma de asegurarnos de la comparación entre estos dos grupos. La prueba de "t" es la más adecuada.

Por otro lado, en los estudios longitudinales cuando tenemos dos medidas aplicamos la prueba de "t" para muestras relacionadas, que en realidad es en medidas relacionadas porque se trata de un mismo grupo, pero la analítica de la normalidad no se hace en cada una de las mediciones sino en la diferencia de las mediciones. Vamos a suponer que queremos comparar el peso de un grupo de personas antes y después de un programa de dietas y ejercicios, no evaluamos la normalidad en la medida antes y en la medida después, sino que evaluamos la normalidad en la variable diferencia.

De hecho, la prueba de hipótesis la ejecutamos sobre esta nueva variable llamada diferencia. Esto nos evita tener que realizar una prueba de homogeneidad de varianzas porque en realidad estaríamos trabajando con un solo grupo y es la variable diferencia la que se contrasta con un determinado valor, puede ser que el peso de las personas antes y después de un programa de dietas y ejercicios sea diferente o que la diferencia de peso antes y después sea de unos 5 kilogramos,r esto dependerá del planteamiento del investigador.

Procedimientos estadísticos en estudios descriptivos y analíticos

Finalmente tenemos el cuarto criterio para clasificar la investigación según el número el número de variables analíticas. Si tenemos una sola variable el estudio es descriptivo; pero si tenemos dos o más, el estudio es analítico. Esto, por supuesto, nos marca una gran diferencia en cuanto al análisis estadístico que tenemos que realizar.

Porque en el estudio descriptivo nos limitamos a estimar parámetros, a describir características o a determinar condiciones que los sujetos o las comunidades de estudio poseen, por esta razón, todo el procedimiento estadístico que realizamos sobre los estudios descriptivos corresponden únicamente al análisis estadístico univariado, esto no quiere decir que estudios descriptivos no tengan otras variables que acompañen o que caractericen a la población de estudio.

De hecho, si estamos haciendo un estudio de prevalencia también tenemos que describir las características de la población en términos de edad, sexo, ocupación, procedencia, nivel socioeconómico; según el interés que tengamos acerca de la caracterización del grupo, en cambio, en los estudios analíticos aparece más de una variable de interés, por lo menos dos.

Entonces, los objetivos estadísticos que tenemos que ejecutar son comparar, correlacionar, concordar; y los procedimientos estadísticos corresponderán a las pruebas de hipótesis, pero el número de variables analíticas, variables de interés, puede ser no solamente de dos sino tres y tendríamos que realizar análisis estadístico multivariado.

Cuando hablamos de variables analíticas y variables de interés, no nos estamos refiriendo a cada una de las características de las unidades de estudio, sino al grupo de características que representan una unidad analítica cuando hacemos nuestro análisis estadístico; por ejemplo, si tenemos una variable analítica a la que llamamos independiente, en su interior puede haber una o varias características; del mismo modo cuando hablamos de una variable dependiente, en su interior puede haber una o varias características que podemos evaluar.

En el estudio de los factores de riesgo tenemos solamente dos variables analíticas o dos conjuntos de variables. En el primer grupo se encuentran los factores, todas las características que pueden representar riesgo de enfermar, y en el segundo tenemos a la variable de estudio, que generalmente es única.

Pero habrá ocasiones en que la variable dependiente también pueda ser múltiple o representar dos características; por ejemplo, si estamos estudiando el efecto que tiene un determinado fármaco sobre un grupo de pacientes, la variable dependiente es el efecto que observamos luego de la administración del fármaco, pero ya sabemos que no solamente observamos efectos beneficiosos en el paciente sino también reacciones adversas a los medicamentos.

Pero esta reacciones adversas son provocadas por la administración del mismo, por lo tanto, irá en el grupo de las variables dependientes o de las características que se producen por la intervención el investigador. Así, la variable analítica llamada variable dependiente en este caso es múltiple y está conformada por dos características: el efecto del fármaco y la reacción adversa del medicamento.

Entonces, cuando hablamos de variables analíticas no nos estamos refiriendo a cada una de las características que podemos observar en las unidades de estudio, sino a conjuntos de características que representan una unidad analítica y que participan de la misma forma en el análisis estadístico que tenemos que realizar para llegar a las conclusiones que nos hemos propuesto alcanzar. La división de los estudios en descriptivo y analítico es el punto de partida de los niveles de investigación, que también influyen en el procedimiento estadístico que debemos elegir para nuestro trabajo de investigación de lo cual hablaremos en nuestro siguiente segmento.

Criterio número dos

Los niveles de la investigación

Todo proceso investigativo se inicia en el punto en el que descubrimos el problema; la enfermedad, la complicación, la reacción adversa, etc., y culmina en el punto en el que planteamos su solución. La unión en estos dos puntos se denomina línea de investigación y tendremos que transitarla a través de los diferentes niveles de la investigación. El proceso analítico que tenemos que desarrollar para acompañar esta línea de investigación seguirá siendo más complejo a medida que nos acerquemos al planteamiento de la solución.

Los niveles de la investigaron son seis y comenzando con el nivel más básico tenemos: exploratorio, descriptivo, relacional, explicativo predictivo y aplicativo.

La analítica es distinta para cada uno de estos niveles. Comencemos con el nivel más básico que corresponde al exploratorio, se trata de investigación cualitativa y, por ello, no tendremos que desarrollar ningún procedimiento estadístico.

Procedimientos estadísticos en el nivel investigativo exploratorio

La investigación cualitativa carece de análisis estadístico, de pruebas estadísticas o de procedimientos matemáticos para avalar su método. La investigación exploratoria no cuenta con variables analíticas; no estoy diciendo que no cuente con características de las unidades de estudio o de la población, no estoy diciendo que no cuente con variables, lo que no tiene son variables analíticas o variables que no tienen que ser procesadas desde un punto de vista estadístico.

Por esta razón, en la investigación cuantitativa desconocemos al nivel exploratorio no por su inexistencia, sino porque en él no se hace uso de herramientas estadísticas para poder llegar a sus conclusiones. Esta es la primera diferencia que podemos identificar en el manejo de los datos en los diferentes niveles de investigación, en el nivel exploratorio simplemente no hay manejo de datos, no hay analítica, no hay procedimientos estadísticos ni prueba de hipótesis.

En el resto de los niveles de investigación, en definitiva, sí aparecen los procedimientos estadísticos y son ellos en los que tenemos que diferenciar como elegir una prueba estadística. Dentro de los niveles de la investigación cuantitativa, el nivel más básico corresponde al descriptivo y podríamos considerar al resto de los niveles como analítico; de hecho, este es el punto de partida para la clasificación de los estudios. Según el número de variables analíticas, el estudio descriptivo tiene solamente una y el estudio analítico tiene más de una.

Esta seria diferencia hace que los estudios descriptivos tengan un manejo totalmente distinto a los estudios analíticos.

Procedimientos estadísticos en el nivel investigativo descriptivo

El nivel descriptivo es univariado porque cuenta con solamente una variable analítica. No estoy diciendo que no puedan ser exploradas otras características de la población en un estudio descriptivo, pero la variable de interés es única y corresponde a la variable de estudio.

Veamos el siguiente ejemplo: si estamos haciendo un estudio acerca de la prevalencia de la diabetes en una determinada ciudad, la diabetes corresponde a la variable de estudio y como es única también corresponde a la única variable de interés, ciertamente después de dar como resultado el valor de la prevalencia de la diabetes en esta ciudad, también tendremos que caracterizarla. ¿Cuál será la edad promedio de esta población? ¿Cuál será el género de este grupo poblacional? Sobre todo si estamos estudiando un segmento de la población, ¿cuál será su ocupación?, ¿cuáles sus hábitos alimenticios? Entonces, se ve que hay otras características que necesitan ser descritas en la población además de mencionar el valor de la prevalencia.

Pero todas estas otras características como la edad, el sexo, la ocupación, los hábitos alimenticios, no corresponden a variables analíticas, la única variable analítica es la diabetes, a estas otras variables que acompañan a la variable de estudio se les denomina variables de caracterización y no tienen la función de relacionarse con la variable de estudio.

No tenemos que realizar procedimientos ni pruebas de hipótesis, ni análisis cruzados entre estas variables, todo el procedimiento estadístico es univariado y se le conoce también con el nombre de descriptivo en términos generales.

Si la variable de interés que tenemos que describir es una variable categórica como una frecuencia absoluta y una frecuencia relativa de esta característica, es posible que sean suficientes, pero si la variable de estudio es una variable numérica tenemos que realizar medidas de tendencia central y dispersión como la media, la desviación estándar, la varianza y el error típico y en ningún caso procedimientos estadísticos cruzando dos variables. Por lo tanto, la analítica del nivel investigativo descriptivo es totalmente distinta al análisis estadístico que tendremos que realizar en la investigación que corresponde a los demás niveles.

Procedimientos estadísticos en el nivel investigativo relacional

Los últimos cuatro niveles de la investigación, relacional, explicativo, predictivo y aplicativo, son considerados analíticos porque existe un entrecruzamiento de variables, existe un interés en conocer la relación que existe entre sus variables. En el interior de estos niveles analíticos podemos hacer una subdivisión: los estudios con intervención y los estudios sin intervención. Dentro de estos cuatro niveles analíticos el único nivel que desarrolla investigación observacional sin intervención del investigador es el nivel relacional.

La función del nivel relacional únicamente es detectar relaciones entre variables, sea cual fuere la naturaleza de estas, podemos hacer asociaciones, correlaciones, concordancias, pero solamente en un sentido exploratorio, es para saber si existen o no existen este tipo de relaciones que podemos crear entre dos variables, porque una característica de este nivel es que involucra únicamente la participación de dos variables.

Por ello, en ningún caso podemos hablar de relación causa–efecto, porque la estadística es un criterio insuficiente para poder plantear relaciones de causalidad, y si no queremos demostrar relaciones de causalidad, entonces,d no tenemos que hacer control estadístico. Por esta razón, todos sus procedimientos son bivariados.

Ahora traigamos a la mente algunos procedimientos que involucran la participación de dos variables: chi cuadrado, t de Student, el test de McNemar, el test exacto de Fisher, la Prueba U de Mann-Whitney, el análisis de la varianza con un factor y todos aquellos procesos que requieran la participación de dos variables.

Si bien el nivel relacional es uno de los primeros niveles de la investigación que cuentan con sistema de hipótesis, esta carece de fundamento, porque nace de la experiencia del investigador y por eso también se le conoce como empírica. Por esta razón, podríamos relacionar todas las variables a su vez pero solamente de par en par, para detectar cuál de estas se relaciona con otra variable

¿Qué es lo que diferencia al nivel relacional del nivel descriptivo hacia abajo y del nivel explicativo hacia arriba (estrictamente desde el punto de vista analítico)? El nivel relacional cuenta con dos variables analíticas, mientras que el nivel descriptivo tiene solamente una; y hacia arriba, el nivel explicativo tiene más de dos, es decir, es multivariado, hablando exclusivamente de los estudios observacionales.

Pero cuando hablamos de variables analíticas no nos estamos refiriendo a todas las características que podemos identificar en las unidades de estudio, sino en grupos de características al que llamamos variable de interés o variable analítica; por ejemplo, si tenemos una variable independiente y una variable dependiente, tenemos dos variables analíticas, pero en el interior de la variable independiente podemos tener varias características, y del mismo modo en el interior de la variable dependiente podemos tener varias características.

A continuación y siguiendo nuestra ruta de los niveles de investigación, nos quedan el explicativo, el predictivo y el aplicativo.

En ellos podemos hacer una nueva división, la investigación inductiva y la investigación deductiva. La investigación inductiva está representada por el nivel explicativo, y la deductiva por el nivel predictivo y aplicativo.

Procedimientos estadísticos en el nivel investigativo explicativo

En el explicativo, el interés del investigador está centrado en demostrar relaciones de causalidad, está enfocado en la creación de leyes universales que más adelante puedan ser aplicadas en beneficio de las unidades de estudio, en las ciencias de la salud nos referimos al paciente.

Para poder demostrar la relación de causalidad, el investigador echará mano de todo el arsenal tanto metodológico como estadístico para poder probar una hipótesis que además está fundamentada en los antecedentes investigativos.

Es a partir del nivel explicativo en que el método investigativo toma mayor protagonismo que en el resto de los niveles de la investigación, de hecho, para poder demostrar una relación de causalidad se requiere de control metodológico y control estadístico, dentro del control metodológico encontramos al experimento con todas sus características que hemos identificado anteriormente, en ese caso ya no tendremos que ser tan exigentes con el análisis estadístico; mientras que en los estudios de nivel explicativo que no son experimentos, es decir, son estudios observacionales se requerirá de la participación más activa de la estadística para poder llegar a la conclusión de la relación de causalidad entre dos variables. Por esta razón, su análisis estadístico siempre será multivariado, como la regresión logística binaria, la regresión lineal múltiple, el análisis factorial de la varianza entre otros.

Mientras que el análisis estadístico de los estudios experimentales en el nivel investigativo explicativo pueden ser únicamente bivariados, pueden ser una comparación de dos grupos porque existe un método que le da soporte a este planteamiento de la relación causa-efecto entre dos variables. Todavía nos quedan dos niveles de la investigación siguiendo este camino.

En primer lugar tenemos al nivel predictivo y después al nivel aplicativo. La diferencia entre estos dos niveles desde el punto de vista de la analítica o del análisis estadístico, es que en el nivel predictivo las herramientas estadísticas tienen por finalidad validar al método, mientras que en el nivel aplicativo la estadística tiene por objetivo evaluar la intervención del investigador que se realiza bajo un método previamente probado.

Procedimientos estadísticos en el nivel investigativo predictivo

En el nivel predictivo, nos interesamos por conocer la probabilidad de ocurrencia de un hecho y para ello podemos construir diferentes modelos de probabilidad. Haciendo uso de las ecuaciones estructurales podemos crear algoritmos que nos permitan predecir bajo un margen de probabilidad la ocurrencia de un determinado fenómeno, siendo que conocemos las variables predictivas y la forma cómo influyen en la variable respuesta.

Otro de los objetivos que podemos desarrollar dentro de la investigación predictiva es el pronóstico, la estimación del tiempo medio hasta que ocurre un determinado suceso. Para ello hacemos uso de las series de tiempo, de los modelos Arima, también del análisis de la supervivencia, de la regresión de Cox y tantos procedimientos estadísticos que nos permiten estimar el tiempo medio con un intervalo de confianza en que ocurrirá un determinado suceso.

Se trata de una técnica deductiva porque ya conocemos de la existencia de la relación causal entre dos variables incluso de la fuerza de asociación que hay entre ellas.

Procedimientos estadísticos en el nivel investigativo aplicativo

Más adelante nos encontramos con la investigación aplicativa cuya diferencia sustancial con el resto de los niveles de investigación es que la finalidad de este nivel es mejorar la situación del individuo y de la sociedad. Para ello realiza intervenciones probadas sobre la población, y el análisis estadístico está enfocado en evaluar el proceso, el resultado y el impacto de la intervención.

Para ello hacemos uso de todas las herramientas estadísticas que se disponen en los diferentes niveles de la investigación, pero también podemos identificar algunas técnicas propias de este nivel como el teorema de Pareto, aquel que nos dice que el 80% de los resultados provienen del 20% de las causas.

De tal modo que si queremos mejorar un sistema administrativo de un centro de salud tendremos que identificar o hacer un listado de todos los problemas que se generan en esta institución, ordenarlos en magnitud descendente, y tendremos que preocuparnos únicamente por el 20% superior, y con ello le daremos solución al 80% de los efectos negativos que tienen estos indicadores sobre nuestra organización.

Vamos a suponer que realizamos una intervención sobre la población como una campaña de vacunación, si en el proceso tenemos una eficiencia del 80% y de este a su vez se observa un nuevo resultado de 80%, únicamente tendríamos un 64%; y si el impacto del resultado también es un 80%, al final tendríamos el 80% del 80% del 80% y esto equivale al 51.2 %. Sin la analítica no podríamos darnos cuenta de este suceso.

Criterio número tres

Los diseños de investigación

Un diseño es una estrategia tanto metodológica como estadística que nos ayuda a conducirnos desde el planteamiento del estudio hasta sus conclusiones, esto quiere decir que habrá tantos diseños como ideas de investigación se nos ocurran.

Los procedimientos estadísticos que tenemos que desarrollar para cada uno de estos diseños, por tanto, serán también particulares y muy distintos en cada caso. Incluso si se trata de hallar la prevalencia de una enfermedad y luego queremos aplicar el mismo diseño para una segunda enfermedad, tendremos que realizar algunos ajustes desde el punto de vista del análisis de los datos y de los procedimientos estadísticos que se requieren para conducirnos a través de este diseño.

Los diseños los podemos agrupar según el origen en el que se formularon inicialmente. Según esto podemos formar algunos grupos como **los diseños epidemiológicos,** que se generaron al interior de las ciencias de la salud, pero no por ello son aplicables únicamente en el campo del conocimiento.

También tenemos a los **diseños experimentales,** originados en las ciencias naturales y que traen consigo su terminología, sus métodos y sus procedimientos estadísticos particulares, que bien se pueden aplicar en cualquier campo del conocimiento pero que están modelados en su origen mismo, en el estudio de las ciencias naturales.

Luego tenemos a los **diseños comunitarios o ecológicos,** cuya principal característica es el estudio de la población, el objeto de estudio es la comunidad, el grupo y esto le confiere características muy particulares, muy propias a todos los diseños que se encuentran al interior de este gran grupo de estudios.

Luego tenemos a la **validación de instrumentos,** originado en las ciencias del comportamiento, el objetivo en este caso es querer conocer algunas características subjetivas de las personas que no se pueden medir de manera directa y que requieren de la elaboración de instrumentos para su evaluación.

En términos generales, en las ciencias de la salud usamos estrategias de estos cuatro grandes grupos para poder conducir con eficacia todas nuestras ideas de investigación, pero todos estos diseños no se diferencian únicamente por su origen, sino porque la estrategia analítica en cada uno de estos grupos es distinta, aunque comparten algunas características.

Procedimientos estadísticos en los diseños epidemiológicos

Hay que tener en cuenta que originalmente estos diseños tenían que considerar dos características: la primera, el estudio de la morbi-mortalidad, y la segunda, el estudio de los seres humanos, de los individuos, de los pacientes.

Esto quiere decir que muchos de los procesos metodológicos están restringidos por esta primera característica; por ejemplo, cuando trabajamos con seres humanos no podemos hacer manipulaciones deliberadas conocidas como experimentos verdaderos o experimentos puros.

Esta modificación inicial que se tiene a partir de esta consideración ética ha modulado no solamente el método sino también el análisis estadístico que acompaña a los diseños que se encuentran al interior de los epidemiológicos y que tienen características muy propias. Por otro lado, la morbi-mortalidad, cuando se trata de trabajar con seres humanos, no puede ser provocada como quizá en algunos experimentos donde se trabaje con animales de experimentación.

Como ejemplo de diseño al interior de los epidemiológicos, dentro del grupo de los estudios descriptivos, tenemos al diseño de prevalencia. Cuando escuchamos la palabra prevalencia, enseguida se nos viene a la mente el estudio observacional, transversal, retrospectivo y descriptivo. Estas cuatro características que podemos identificar dentro de los cuatro tipos de investigación en combinación se convierten en un diseño, cuyo nombre particular es el de la "prevalencia".

Pero aun así el método investigativo para hallar la prevalencia de diabetes, por ejemplo, no es el mismo que aquel que tenemos que aplicar para realizar el estudio de la prevalencia de caries, esto quiere decir que al interior del diseño de la prevalencia aún podemos encontrar discretas diferencias en cuanto al método y al análisis estadístico dependiendo de la enfermedad que tenemos que estudiar.

Sin embargo, existen características comunes, procedimientos afines que debemos conocer y aplicar y ajustar en los casos en que se requiera. La prevalencia es un estudio de la población y, por lo tanto, requiere de la definición e identificación del marco muestral, aquí no hay problema con las mediciones porque se trata de un estudio retrospectivo, de tal modo que bastará con contar el número de casos que se presentan durante un determinado periodo de tiempo y dividir esta magnitud entre el total de la población expuesta para la enfermedad que estamos estudiando.

Esta simple proporción o frecuencia relativa que podemos describir para la prevalencia será suficiente como parte del análisis estadístico que tenemos que realizar, por supuesto, tenemos que calcular un intervalo de confianza convencionalmente a 95% de esta prevalencia.

Dentro de los estudios descriptivos epidemiológicos tenemos también al estudio de la "incidencia", cuya diferencia más importante con el diseño de la prevalencia es que la incidencia se trata de un estudio prospectivo y longitudinal, también se trata de un estudio poblacional; lo primero que tendríamos que ejecutar es asegurarnos que sobre el grupo poblacional sobre el cual vamos a realizar el estudio, en un primer momento no tenga la enfermedad, luego se harán repetidas mediciones, evaluaciones seriadas sobre la población tratando de identificar la característica en estudio, la enfermedad para la cual estamos ejecutando el trabajo de investigación.

En seguida el procedimiento del cálculo es el mismo, anotar cuantos casos se han producido durante un periodo de tiempo y dividirlos entre el total de la población, pero como nos habíamos asegurado que al inicio no había ninguno de estos casos, entonces, se trata de casos nuevos. Por eso la incidencia es la velocidad con la que se producen los casos de una enfermedad para una determinada población en un periodo de tiempo.

Pero esta diferencia respecto de la prevalencia es más metodológica que estadística, porque desde el punto de vista analítico lo que tenemos que hacer es una razón, una proporción, una frecuencia de los casos que se han presentado para este grupo.

Dentro de los diseños epidemiológicos tenemos también a los analíticos como el de los casos y controles y el de cohortes, muy conocidos para la identificación de los factores de riesgo en un grupo de personas, cuando escuchamos la palabra casos y controles que corresponde al diseño de investigación, enseguida se nos viene la mente el estudio observacional retrospectivo, transversal y analítico.

Mientras que el diseño de cohortes, que también se trata de un estudio observacional, en este caso, se trata de un estudio prospectivo, longitudinal y analítico, vendría a ser algo así como la analogía del estudio de incidencia; mientras que el de los casos y controles es la analogía del estudio de prevalencia. Tanto el diseño de los casos y controles como el de cohortes responden al objetivo estadístico de comparar, porque se trata de dos grupos para el caso del diseño de los casos y controles: el grupo de los casos y el grupo de los controles; y en el diseño de cohortes tenemos el grupo expuesto y el grupo no expuesto. En ambos casos hay que hacer la comparación de las características que buscamos conocer en la población y esto lo podemos hacer con una prueba estadística tan simple como el chi cuadrado de homogeneidad si la variable aleatoria es categórica o la t de Student para muestras independientes si la variable aleatoria es numérica, pero en buena cuenta responden a procesos estadísticos comparativos.

Y nuevamente el diseño metodológico es el punto de diferencia más importante entre estos dos diseños de investigación. Desde el punto de vista estadístico la comparación es el objeto estadístico que nos lleva a concluir sobre las diferencias, sin embargo, los estudios prospectivos tienen una ventaja sobre los estudios retrospectivos. El diseño de cohortes es el diseño ideal para la evaluación del riesgo y el diseño de casos y controles se aplica cuando no podemos aplicar el diseño de cohortes, de hecho, casi nunca podemos aplicar el diseño de cohortes porque no es práctico y dada la falta de practicidad de este diseño es que aplicamos el diseño de los casos y controles.

El riesgo relativo es la medida de riesgo por excelencia que se puede calcular únicamente en el diseño de cohortes pero que trata de ser imitada por el Odds Ratio que es la medida de riesgo para el diseño de casos y controles, por eso la interpretación del Odds Ratio es la misma que la del riesgo relativo, aun cuando el cálculo es diferente, es que la finalidad de ambos estadísticos es el mismo.

Dentro de los diseños epidemiológicos tenemos a los estudios con intervención, aunque como ya habíamos adelantado no son experimentos verdaderos porque están limitados por las normas éticas, la manipulación sobre las normas éticas, la manipulación sobre las unidades de estudio no se da de manera deliberada y a propósito de la investigación, sino que están relacionadas con las necesidades terapéuticas del sujeto y esto hace modular los diseños que se hacen al interior del campo epidemiológico.

Pero ya teniendo el esquema del diseño, un plan detallado del método metodológico y estadístico, estos también podrían ser aplicados en otros campos del conocimiento; de hecho, el diseño de prevalencia, de incidencia, el de los casos y controles, el de cohortes no son exclusivos de la epidemiología, bien pueden ser aplicados en otros campos del conocimiento, pero basándonos en este esquema básico que ya recibieron un nombre propio desde el inicio y que por eso están muy relacionados a la terminología del estudio de la epidemiología.

En los estudios con intervención tenemos los ensayos clínicos y los ensayos de la población, que apuntan a la evaluación de individuos y comunidades respectivamente. Esto, por supuesto, es afectado en su método en el sentido de que no se puede experimentar deliberadamente sobre la población, pero lo que sí se ha realizado con mucha frecuencia son las intervenciones sobre la población.

Por ejemplo, las campañas de vacunación son intervenciones masivas para encontrar modificaciones en la prevalencia de una determinada enfermedad, y como intervención que son, requieren de evaluación acerca de sus resultados y del impacto que tienen sobre la población para poder realizar modificaciones de la propia intervención en futuras aplicaciones.

Procedimientos estadísticos en los diseños experimentales

Dentro de este grupo de diseños también encontramos un gran contingente de modelos y esquemas de investigaciones propias del campo de las ciencias naturales. En forma general los podemos dividir en tres grupos: los pre experimentos, los cuasi experimentos y los experimentos verdaderos. Pero aun en el interior de estos tres grandes grupos también podemos seguir haciendo divisiones que nos permiten ir más a fondo en la estructuración del método.

Es importante remarcar que el origen de los diseños experimentales esta remarcado por dos hitos importantes: el primero es la intervención, tiene que existir manipulación, este era el punto de partida, y el segundo es el control ¿cómo podemos asegurar que las modificaciones que existen en las unidades de estudio se deben a la intervención del investigador si es que no hay un control?

En definitiva, para poder revelar que los cambios, modificaciones, perturbaciones que se dan sobre las unidades de estudio obedecen a la intervención del investigador, debemos de tener algún grupo control o alguna forma de controlar los resultados.

Estas dos principales y originales características son las que han modulado los diseños al interior de los experimentales y, claro, al final resultan unas recetas, unos esquemas que se pueden aplicar en otros campos del conocimiento, que tienen nombre propio dentro de los experimentales y que bien podríamos aplicar este mismo modelo a otros estudios que incluso no sean experimentales.

Por eso es que no todos los estudios experimentales se ejecutan bajo los diseños experimentales y viceversa, no todos los diseños experimentales corresponden a estudios experimentales, por eso es importante remarcar la diferencia entre lo que es un estudio, la tipología de la investigación y los diseños experimentales, que son esquemas, recetas, mapas para lograr conclusiones validas sobre una idea de investigación.

En el campo de las ciencias naturales casi todos son experimentos verdaderos, es decir, que cumplen con una asignación aleatoria para la construcción de grupos, me refiero al grupo experimental y al grupo control, y luego la intervenían a propósito de la investigación, esto es una manipulación deliberada, es que los investigadores de las ciencias naturales, llamadas también experimentales, no experimentan con seres humanos.

En cambio, en las ciencias de la salud y las ciencias sociales con quienes compartimos a la unidad de estudio, el individuo, no podemos hacer manipulaciones deliberadas solamente con fines investigativos, no podemos someter a riesgos innecesarios a individuos o poblaciones. Por esta razón es que se ha modificado el experimento verdadero y ya las intervenciones no son a propósito de la investigación sino a propósito de las necesidades terapéuticas del sujeto, pero esto hace del diseño experimental un nuevo esquema un poco deficiente al lado del experimento verdadero, por eso no puede recibir el mismo nombre y se le conoce como pre experimento.

En un experimento verdadero, el análisis estadístico es más libre porque los grupos son completos, siempre contamos con un grupo control, también hacemos las medidas repetidas y por eso hacemos auto controles, lo que no podemos hacer tan libremente con un pre experimento, por eso el análisis estadístico se ve restringido y tendremos que echar mano de procedimientos estadísticos adicionales para poder llegar a las mismas conclusiones de realizar un experimento verdadero.

En un experimento verdadero construimos los grupos de manera aleatoria, y podemos suministrar un mismo medicamento a distintas dosis a fin de conocer la relación entre la concentración de la droga y el efecto que esperamos encontrar. En cambio, en un pre experimento, si es que es posible suministrar dosis a diferentes niveles, será porque los pacientes a quienes se le suministra este medicamento lo requieren a esa intensidad y no solamente con fines investigativos.

Es posible que en algunos casos no contemos con un grupo control, es que si realizamos un diagnóstico de certeza y sabemos que para un determinado padecimiento se requiere el suministro de un determinado medicamento o de un régimen terapéutico, no podemos dejar a un grupo de personas sin tratamiento únicamente porque queremos investigar, en este caso tendremos que trabajar con un solo grupo y a esto se le llama cuasi experimento.

Todas las medidas tendrán que ser realizadas bajo el mismo grupo y, por supuesto, las pruebas estadísticas que realizaremos serán las pruebas para las medidas repetidas. En términos concretos podríamos mencionar al análisis de la varianza para medidas repetidas o ANOVA con un factor entre sujetos, mientras que si la intervención se realiza entre grupos paralelos en grupos construidos al azar, entonces, el análisis de la varianza sería común factor inter sujetos es decir para grupos paralelos. De tal modo que no contar con un grupo control nos modifica el análisis estadístico, nos cambia el procedimiento, la secuencia de pasos que tenemos que realizar para llegar a las mismas conclusiones que nos interesan, para encontrar un mismo propósito de investigación.

Dentro de los diseños experimentales existen un sin número de procedimientos, pero la mayoría corresponden al de los experimentos verdaderos, incluso podría haber más de un factor manipulado, lo cual se conoce con el nombre de análisis factorial. Si estamos realizando un estudio en el que existe manipulación, tendremos que partir por buscar alguno de los diseños que más se ajuste a nuestra idea de investigación y por supuesto personalizarlo a propósito de los objetivos que nos hayamos planteado para ese caso en particular.

Procedimientos estadísticos en los diseños comunitarios

Las dos características fundamentales de este gran grupo de diseños que se originaron en las ciencias sociales son el estudio de la población y los datos secundarios. Es decir, corresponden a estudio retrospectivos, normalmente son datos poblacionales, el objeto de investigación es el grupo o la comunidad y la información que se requiere para completar los libros ya está registrada y la podemos encontrar en diversos archivos tanto físicos como informáticos.

Los diseños comunitarios engloban a los estudios exploratorios, que corresponden lógicamente a la investigación cualitativa, y en este caso la única razón de ejecutar un trabajo de investigación es buscar patrones espaciales o temporales que nos puedan sugerir nuevas líneas de investigación. Al tratarse de investigación cualitativa no requiere de un manejo estadístico de los datos y esta es una característica de la exploración como investigación misma.

Dentro de los diseños comunitarios existen estudios que no requieren análisis estadístico, pero también tenemos a las comparaciones múltiples y estas intentan verificar la diferencia de parámetros que corresponden ya sea a diferentes poblaciones o a una misma población en diferentes situaciones.

Hay que tener en cuenta que cuando comparamos poblaciones no necesitamos hacer inferencia estadística; si tenemos el dato del parámetro poblacional, basta con comparar los números para saber que existen diferencias entre las poblaciones.

Sin embargo, difícilmente tenemos los datos poblacionales o los parámetros de la población, casi siempre trabajamos con grupos, con muestras, con una proporción de la población, con un segmento, y cuando queremos comparar a las poblaciones tendremos que realizar procedimientos estadísticos; aquí podemos citar al chi cuadrado de homogeneidad, una prueba estadística distinta al chi cuadrado para proporciones.

El chi cuadrado de homogeneidad intenta comparar grupos, en cambio, el chi cuadrado para proporciones intenta comparar poblaciones. Para poder realizar el chi cuadrado para proporciones no trabajamos con los valores absolutos de cada población sino con sus proporciones, de tal modo que exista la posibilidad de no rechazar la hipótesis nula en el sistema de hipótesis, es que si trabajamos con los grupos poblacionales siempre vamos a encontrar un pre valor que esté por debajo de cualquier nivel de significancia previamente planteado, sobre todo si trabajamos al cinco o al uno por ciento.

Otra característica de las comparaciones múltiples es que no se trata de comparaciones de individuo a individuo como sí se ejecutan en los diseños experimentales.

Todos los diseños experimentales son estudios individuales, es decir, la unidad de estudio es el individuo, es el sujeto, el individuo, el paciente, el cliente, la persona, el alumno etc., mientras que en los diseños comunitarios la unidad de estudio es el grupo, la población, el salón de clases, los trabajadores del Ministerio de Salud, etc., pero siempre se trata de un grupo de individuos, de tal modo que hay pruebas estadísticas que no se pueden aplicar a grupo o a comunidades, como ejemplo tenemos al test de McNemar, una prueba para evaluar modificaciones en individuos, o la *t de Student* para grupos relacionados, que también se trata de una prueba estadística de aplicación individual y que en ningún caso se podría aplicar en un diseño comunitario o ecológico.

Otro gran grupo de estudios al interior de los diseños comunitarios son las series temporales. Aquí el interés del investigador también es el grupo pero a lo largo del tiempo, es decir, cómo se va modificando una determinada característica no del individuo sino de la población a lo largo del tiempo, si estas modificaciones tienden a incrementarse o a disminuir o si es que tienen variaciones estacionales a lo largo del tiempo.

Es posible poder escribir algún algoritmo que me permita predecir el resultado de un momento futuro, esta es la intención de una serie temporal, poder analizar tendencias y oscilaciones de una característica de la población a través del tiempo y, por supuesto, el procedimiento estadístico denominado también serie temporal es una actividad muy distinta a la que se aplican los diseños experimentales y epidemiológicos.

Procedimientos estadísticos en la validación de instrumentosk

A diferencia de los otros tres grandes grupos el objeto de interés en esta ocasión no es el individuo sino el instrumento, por eso la primera intención de la validación de instrumentos de este gran grupo de diseños es la definición del constructo, y en segundo lugar la medición, porque no se puede medir aquello que previamente no se ha definido.

Si no existe la forma de evaluar una determinada característica en los individuos, se trata de una variable subjetiva que se supone tienen los sujetos de estudio, pero antes de pensar siquiera en medirla hay que definirla, este procedimiento no es estadístico, de hecho, corresponde a la fase de creación de instrumentos y dentro de los niveles de medición se ubica en la investigación cualitativa.

Algunos investigadores la denominan validez de contenido y se refiere a la definición del constructo, a la creación de un instrumento para poder evaluar ese concepto que más adelante pretendemos medir. No hay procedimientos estadísticos que avalen la validez de contenido sino una secuencia de procedimientos metodológicos que avalarán científicamente la definición del concepto.

Quiere decir que dentro del diseño de la validación de instrumentos tenemos que recorrer los diferentes niveles de investigación y que en su fase preliminar, en su fase cualitativa, no hay procedimiento analítico, no hay pruebas estadísticas, no hay cálculos matemáticos que se requieran para avalar el contenido de un instrumento que estamos comenzando a crear.

Más adelante, una vez creado el instrumento, tendremos que evaluar sus propiedades métricas, y es aquí donde la estadística ingresa a participar de la evaluación de estas propiedades. El objetivo fundamental es que el instrumento que se ha creado previamente tenga la capacidad de detectar y descartar el concepto que estamos estudiando.

Aparecen conceptos totalmente distintos a los que se puede comentar en los otros grandes grupos de diseños como el Alfa de Cronbach utilizado para evaluar la consistencia interna, o el Kuder Richardson, cuya finalidad es la misma, solo que se aplica a los instrumentos cuyo resultado final es una variable categórica dicotómica.

Muchos de los procedimientos o de los nombres de procesos estadísticos que aparecen en la validación de instrumentos ni siquiera son mencionados en los otros campos del conocimiento; por eso, el análisis estadístico para la validación de instrumentos es en su mayoría propio o particular.

Aunque también podemos echar mano de algunos procedimientos que aparecen en otros campos como el índice Kappa de Cohen, que podemos utilizarlo para evaluar la consistencia de nuestros resultados con otros instrumentos externos. A esto se le conoce como validez de criterio.

Otros procedimientos poco utilizados en el campo ciencias de la salud, como el análisis factorial, aparecen en la analítica de la validación de instrumentos, pero no basta con que el instrumento mida lo que deba medir sino que, además, los resultados del instrumento que nos ayuda a tomar decisiones debe tener capacidad de reducir al máximo la magnitud del error que cometeríamos al equivocarnos en tales decisiones.

Por esta razón, el instrumento debe ser también óptimo y existen procedimientos muy exclusivos de este campo del conocimiento que nos permiten ajustar el punto de corte de un determinado instrumento, como el uso de las Curvas ROC, utilizado para calibrar no solamente las curvas documentales sino también los instrumentos mecánicos y en general para calibrar los métodos diagnósticos utilizados tanto en la clínica como en los exámenes auxiliares.

El diseño de investigación va a guiar de manera importante el análisis estadístico que tendremos que realizar sobre nuestra información, sobre nuestros datos. El diseño de investigación arrastra consigo un contingente de terminología técnica propia del origen del campo de conocimiento.

Podríamos hacer un listado interminable de procedimientos y de pruebas estadísticas en estos cuatro grandes grupos de diseños, pero lo importante es saber distinguir y diferenciar que cada uno de estos diseños tienen su propia analítica, que si bien algunos procedimientos son compartidos, existen pruebas propias de cada uno de los campos del conocimiento que bien pueden ser trasladados a otros. Por ello, debemos conocer tanto su terminología como sus aplicaciones para no confundir los diseños de la investigación con los tipos o niveles de la investigación.

Criterio número cuatro

Objetivos estadísticos

Hasta este momento hemos hecho la presentación de tres tópicos que son fundamentales para sostener o sustentar los conceptos que a partir de este momento vamos a emitir. Si bien los tipos, niveles y diseños son el origen de muchos procedimientos estadísticos, a partir de ahora vamos a mencionar claramente qué pruebas estadísticas debemos utilizar en cada caso sustentándonos en los conceptos previamente emitidos.

El objetivo estadístico es quizás el criterio más importante a la hora de escoger un procedimiento estadístico porque el objetivo traduce el propósito de la investigación y lo convierte en una suerte de herramienta operativa o de traducción del sistema metodológico al sistema estadístico. Vamos a identificar los diferentes objetivos estadísticos que podemos ubicar en los niveles de la investigación.

Comencemos por el nivel más básico, el exploratorio. Corresponde a la investigación cualitativa y, por lo tanto, no tiene objetivos estadísticos y, consecuentemente, no tiene procedimientos estadísticos.

Procedimientos estadísticos para los objetivos del nivel descriptivo

Aquí vamos a encontrar a los objetivos: determinar, estimar y describir. El primero de ellos, "determinar", es el más cualitativo de todos porque es el punto de partida de la investigación cuantitativa. Determinar significa diagnosticar, aplicar un conjunto de procedimientos, herramientas para poder llegar a una conclusión.

Utilizar un instrumento documental para decir si una persona tiene o no una determinada característica, un diagnóstico, eso es determinar. Desde el punto de vista cuantitativo es lo menos que podemos hacer, saber si una persona tiene o no un determinado diagnóstico.

Luego ya podremos estimar la prevalencia de una enfermedad; por ejemplo, hacer la estimación puntual de un parámetro a través de una muestra consiste en hacer una división entre el número de casos terminados, de casos diagnosticados, y el total de la población expuesta. Esto no es más que una frecuencia que puede ser absoluta o relativa, un porcentaje cuya interpretación le podemos nominar con nombres distintos; por ejemplo, incidencia o prevalencia, pero que para el caso es la estimación de un parámetro categórico denominado frecuencia.

También podemos estimar el valor medio de la característica de una población. Siempre que esta característica sea numérica, podemos estimar el valor de la media o valor medio de un determinado parámetro; para ello solo requerimos hacer la medición o la determinación de tal condición en cada uno de los individuos y sacar un valor promedio; por ejemplo, el valor promedio de la hemoglobina en las mujeres gestantes. Por lo tanto, la media es un descriptivo que corresponde al objetivo estadístico estimar.

En seguida podremos describir a las personas que compartan la misma condición, podemos describir sus características a fin de que nos permitamos plantear hipótesis de relación para estudios del siguiente nivel investigativo. La descripción involucra también la cuantificación de frecuencias y promedios, pero solamente a partir del grupo afectado, de aquellos que tienen la determinada característica en estudio, de aquellos que cuentan con la variable en estudio.

Como podemos ver los procedimientos estadísticos a este nivel son muy sencillos de completar, porque casi no hay pruebas de hipótesis en este nivel, debido a que los planteamientos y los propósitos de la investigación no suelen estar asociados con proposiciones sino más bien con mediciones y estimaciones.

Procedimientos estadísticos para los objetivos del nivel relacional

En el nivel investigativo denominado relacional encontramos objetivos como asociar. Asociar significa evaluar o cuantificar la coincidencia entre dos sucesos de dos determinados eventos, esto significa que los dos eventos o las dos características que pretendemos relacionar tendrán que ser de naturaleza categórica, porque si se trata de dos variables numéricas, entonces, el término será "correlacionar", y esa es la diferencia básica entre asociar y correlacionar.

Asociar es un objetivo estadístico que podemos completarlo con el chi cuadrado de independencia, mientras que correlacionar es un objetivo estadístico que tendrá que ser completado con la correlación de Pearson. Ya luego de haber encontrado la asociación o la correlación, tendremos que hacer una medición de esta relación.

La medida de asociación en epidemiología es el riesgo relativo, pero no es la única, también podemos hacer concordancias. El objetivo estadístico se llama concordar y para ello deberemos aplicar el procedimiento del índice Kappa de Cohen, que no es una prueba estadística, no es una prueba de hipótesis, más bien es la cuantificación de una asociación que previamente hayamos demostrado. El índice Kappa de Cohen es un número y esto no nos lleva a concluir sobre una concordancia planteada, sino a cuantificarla.

Pero si el procedimiento estadístico previo que hemos realizado es una correlación, tendremos que realizar una medida de correlación, y la medida de correlación por excelencia es el R de Pearson que se calcula de manera conjunta cuando realizamos la prueba de hipótesis pero que corresponde a dos momentos distintos de la investigación a dos objetivos estadísticos.

Procedimientos estadísticos para los objetivos del nivel explicativo

En el nivel en el explicativo, encontramos los objetivos evidenciar, mostrar y probar. El primero de ellos es el único que se completa mediante un estudio observacional, los dos siguientes necesitan del experimento para dar sustento a su comprobación.

Comencemos con el primero, evidenciar, propio de los estudios observacionales y que como carece del criterio de causalidad denominado experimentación, necesita un soporte más asistido en cuanto al análisis estadístico, y es que la idea es poder descartar las asociaciones casuales, aleatorias o espurias que pudieran ser detectadas en el nivel investigativo anterior, en el relacional, y por eso hacemos análisis estadístico estratificado como el test de Mantel-Haenszel, por ejemplo, o la regresión logística binaria para poder conocer asociaciones multivariadas.

De manera que podamos subsanar la deficiencia que tiene un estudio observacional respecto de los estudios experimentales al momento de plantearse relaciones de causalidad que corresponden al nivel investigativo - explicativo.

Pero ya identificada la necesidad de poder corroborar estos resultados de causa y efecto, nos planteamos el experimento y para ello tendremos que desarrollar el **objetivo estadístico demostrar**, esto es cuando los datos que estamos analizando corresponden a un experimento pero que la hipótesis que pretendemos demostrar ha sido evidenciada previamente mediante un estudio anterior.

Esta vez el soporte que planteamos darle a nuestro estudio de causa y efecto es más metodológico que estadístico, pero aun así nos podemos permitir ahondarnos muchísimo más en el análisis estadístico para poder ahorrar literalmente unidades de experimentación y poder sacar la mayor cantidad de conclusiones a partir de las manipulaciones que se han llevado a cabo en el experimento.

Sin embargo, dentro de una línea de investigación, demostrar no es suficiente, porque un investigador puede demostrar la relación entre dos variables y no por ello tenemos que asumir como que las conclusiones que emite este investigador tienen el rango de ley universal, es posible que existan condiciones ajenas a la investigación por las cuales se haya llegado a conclusiones equivocadas.

Por eso, el siguiente estudio se plantea como **objetivo estadístico probar**, lo que ponemos a prueba esta vez es el método del investigador anterior o de la investigación anterior para poder saber si los resultados que se han encontrado mediante esta estrategia metodológica y estadística realmente son verdaderos.

Una de las características más importantes de la ciencia es que es replicable, si aplicamos el mismo método deberemos encontrar los mismos resultados. Entonces, esta vez con el objetivo estadístico probar replicamos lo que se hizo en el procedimiento anterior con el mismo método y con el mismo análisis estadístico y lógicamente tendremos que encontrar resultados dentro de un intervalo de confianza aceptable. Probar significa poner a prueba el método de la investigación anterior y, por ello, el análisis estadístico que se aplicará será el mismo que aquel que corresponde al objetivo estadístico "demostrar".

Procedimientos estadísticos para los objetivos del nivel predictivo

En el siguiente nivel, el predictivo, encontramos a los objetivos predecir, pronosticar y prever. Los dos primeros son los más cognoscitivos porque su interés está centrado en querer afianzar el conocimiento que se tiene sobre una determinada característica hasta este momento; en cambio, el ultimo, prever, es más aplicativo respecto de los dos primeros, porque además se encuentra muy cerca del último de los niveles de investigación, el aplicativo.

Predecir significa calcular la probabilidad de que ocurra un determinado suceso en una serie de eventos, y para predecir basta con calcular la prevalencia de una enfermedad con un determinado intervalo de confianza, si es que la predicción la hacemos a partir de una sola variable; pero podríamos utilizar más de una variable para poder predecir y construir una ecuación estructural, eso es lo más adecuado en este momento.

La regresión logística binaria sirve, por ejemplo, para construir un modelo predictivo, y es que un procedimiento estadístico como la regresión logística binaria puede tener más de una intención, puede ser utilizada tanto a nivel explicativo, para poder saber si existe la relación multivariada entre las variables independientes con la variable dependiente como para poder predecir el evento en función a otras variables que previamente hayan sido demostradas como factores causales.

Pero al igual que la regresión logística binaria, otros procedimientos como las regresiones logísticas en general o las regresiones lineales o las regresiones no lineales pueden ser utilizados para predecir de manera multivariada, es decir, significa calcular la probabilidad de ocurrencia. Por eso todas las ecuaciones estructurales que nos permitan construir modelos pueden ser utilizadas para predecir eventos con una probabilidad de error, con un intervalo de confianza.

Luego tenemos al **objetivo estadístico pronosticar**, significa calcular la probabilidad de ocurrencia de un suceso pero en función al tiempo y hay grandes grupos de procedimientos estadísticos exclusivos para este objetivo estadístico; por ejemplo, las series de tiempo, que no son utilizadas en otras áreas o niveles de la investigación, son técnicas netamente predictivas por el nivel investigativo, pero que sirven para pronosticar por el objetivo estadístico al cual corresponden.

Las series de tiempo como procedimiento estadístico pretenden determinar la tendencia y la estacionalidad de las características que corresponden a la población en un determinado periodo de tiempo, para poder saber en qué momento volverá a ocurrir un determinado evento. Pero no solamente tenemos a estas técnicas estadísticas, sino también tenemos al análisis de supervivencia y a la regresión de Cox, con sus múltiples aplicaciones para poder reconocer si ocurrirá o no ocurrirá un determinado evento en función del tiempo. Finalmente, tenemos a **Prever, el objetivo estadístico** más aplicativo de este nivel. Prever significa calcular la probabilidad de necesitar, disponer o preparar medios para las futuras contingencias. Veamos el siguiente ejemplo:

Una compañía aseguradora calcula la probabilidad de ocurrencia de un determinado accidente, para lo cual ofrece una prima de seguros, calcula también la cantidad de gastos que se debería emitir para cada uno de estos procesos. Si multiplicamos los gastos por el número de ocurrencias, tendremos la cantidad de recursos que se necesitan para solventar todas estas contingencias y accidentes, si a esto le sumamos un margen de utilidad más o menos un 95% de confianza, entonces, tendremos el valor exacto de la prima que esta empresa podrá cobrar a sus asegurados para permitirse como empresa ser viables en el tiempo.

Pero estos cálculos los tiene que hacer en función a predicciones porque en realidad no sabe lo que va a ocurrir en el próximo año o en el siguiente año, lo único que sabe es lo que ocurrió en los años anteriores, y en función a esta información tiene que hacer predicciones para solventar y sustentar todas las contingencias que probablemente se presenten en el futuro. Esto es prever y como puedes ver no es ningún análisis de las unidades de estudio sino un análisis de la información.

Siguiendo con la secuencia de los niveles de la investigación tenemos al final al nivel aplicativo, pero sus objetivos no son estadísticos, los objetivos de la intervención a nivel aplicativo son mejorar a la población, mejorar a los indicadores con los cuales podemos evaluar tanto el proceso, el resultado y el impacto de nuestra intervención sobre la población, de tal modo que los procedimientos estadísticos estarán más relacionados a la forma de hacer las evaluaciones en cada uno de estos puntos sobre los cuales hemos realizado nuestra intervención. En este punto te debes estar preguntando y ¿dónde es que aparece el objetivo estadístico comparar? En primer lugar, quiero decirte que comparar es un objetivo muy versátil, comparar incluso se puede desarrollar a nivel de la investigación cualitativa.

Comparar es un objetivo tan versátil que puede ubicarse en el nivel exploratorio (la comparación cualitativa de poblaciones), también puede ubicarse en el nivel descriptivo, (la comparación de parámetros sin procedimientos estadísticos), comúnmente se encuentra en el nivel relacional (la comparación de grupos a partir de una determinada característica), también está en el explicativo (en los estudios de causa y efecto cuando comparamos, por ejemplo, el estudio que cuenta con el grupo experimental y el grupo control), también podemos hacer comparaciones a nivel predictivo (aquí está la comparación de dos modelos matemáticos o dos medios diagnósticos), y también hay comparaciones a nivel aplicativo (dos procedimientos terapéuticos o dos formas de intervenir sobre la población).

Criterio número cinco

Las escalas de medición de las variables

Cuando escuchaste el título de ¿Cómo se elige una prueba estadística? Probablemente estabas esperando una receta, una fórmula, un algoritmo que te ayude a encontrar qué prueba estadística debes utilizar en cada caso, pues bien hemos llegado a ese punto porque en este criterio vamos a hablar con nombres propios de cada uno de los procedimientos para cada caso en particular; por supuesto, hablaremos de las situaciones más frecuentes, porque si de procedimientos estadísticos se trata, estos son innumerables.

Quiero remarcar también que no estamos hablando solamente de las pruebas estadísticas sino también de los procedimientos estadísticos en general. Es que en investigación, no todo es prueba estadística, no todo es prueba de hipótesis, no todo es decidir entre una u otra proposición, sino que hay muchos cálculos que tenemos que ejecutar y que no corresponden a pruebas estadísticas, por ejemplo, el cálculo de la frecuencia de la enfermedad. El cálculo de la probabilidad de ocurrencia en un estudio predictivo. La estimación de riesgo para una determinada enfermedad en un grupo de personas expuestas.

Adicionalmente, debemos decir que cuando nos referimos a las escalas de medición de las variable no solamente nos referimos a los títulos de nominal, ordinal, intervalo y razón, sino a las diferencias intrínsecas que existe entre una variable categórica y una variable numérica. Del mismo modo dentro de las variables categóricas también podemos diferenciar a las variables dicotómicas y politómicas, como aquellas que tienen dos categorías o más de dos categorías respectivamente. Por otro lado, cuando nos encontramos trabajando con variables numéricas también podemos subdividir a estas en discretas y continuas, como aquellas variables que provienen de contar y medir respectivamente.

Comencemos, podemos subdividir a las pruebas estadísticas hablando de pruebas de hipótesis específicamente, en pruebas paramétricas y no paramétricas. Las pruebas paramétricas son aquellas que se aplican a las variables numéricas donde la variable aleatoria es numérica, y las pruebas no paramétricas se aplican a los otros casos.

Hay que tener en cuenta que la variable de la cual estamos hablando es una variable aleatoria, aquella cuya distribución se conoce únicamente después de recolectar los datos, porque las variables fijas habitualmente las utilizamos para la conformación de grupos. Vamos a ver cuántos procedimientos estadísticos podemos identificar incluso para un mismo objetivo, el objetivo estadístico comparar, el objetivo más versátil de todos que incluso dijimos no solamente es estadístico porque también se puede comparar sin procedimientos estadísticos, sin embargo, en esta presentación nos vamos a enfocar a la comparación probabilística, a la comparación estadística de grupos.

Ahora, diferenciemos claramente lo que es una variable fija de una aleatoria. La variable fija es aquella cuya distribución se conoce desde antes de recolectar los datos, desde antes de recolectar la información, si queremos comparar dos salones de clases respecto de su rendimiento académico y en cada salón de clases hay 30 alumnos, la conclusión final será que en la variable salón de clase para la categoría "a" será igual 30 y para la categoría "b" igual 30, pero esto ya se conoce desde el inicio, muchos ya sabíamos cuántos alumnos habían en cada salón, por eso se denomina variable fija.

Pero el rendimiento académico, cuya distribución no conocíamos hasta antes de recolectar la información, se denomina variable aleatoria. Esa es la diferencia entre una variable fija, que se conoce antes de recolectar los datos, y la variable aleatoria, que no se conoce hasta antes de recolectar la información.

La variable fija es aquella que nos ayuda a conformar los grupos y la variable aleatoria es la que debemos analizar.

¿Qué pasaría si solamente tenemos un grupo? Entonces, tendríamos que comparar el descriptivo, el estadístico del grupo versus la población, y si nuestra variable aleatoria es categórica dicotómica, estamos frente a la prueba binomial.

Veamos el siguiente ejemplo: si tomamos un grupo de la población y en este grupo calculamos la frecuencia de una enfermedad y comparamos el valor de la frecuencia del grupo respecto del parámetro de la población, tendríamos que llegar a la conclusión de que la frecuencia de la enfermedad en este grupo no es distinta al parámetro de la población; si es que la muestra y el grupo ha sido obtenido de esta población en particular, podemos hacer esa comparación con la prueba estadística binomial o también con chi cuadrado para una muestra, así se le denomina.

Pero qué pasaría si la variable de estudio no es dicotómica, es decir, no solamente son enfermos y sanos, que pasaría si la variable de estudio tuviese tres categorías, es decir, si fuese politómica; entonces, la prueba de chi cuadrado para una muestra es aplicativa, por ejemplo, en la variable "Estado Civil", cuyas categorías son soltero, casado y conviviente; las proporciones del grupo tienen que corresponderse a las proporciones de la población, a los parámetros conocidos de la población, si es que la muestra ha sido obtenida de esta población.

Esto mismo pondríamos aplicarlo en el caso de que estas tres categorías tuviesen un orden, es decir si la variable fuese ordinal. Pero si ya la variable aleatoria es numérica, tendríamos que aplicar una *t de Student* para una muestra, la comparación del promedio de un grupo versus el promedio de la población, es decir, su parámetro.

Todo esto es cuando trabajamos con un solo grupo, pero ¿qué pasaría si tuviésemos dos? Nuevamente regresemos a nuestras variables categóricas y vamos a partir del punto más básico de las variables dicotómicas.

Dos grupos, una característica dicotómica en cada grupo, chi cuadrado de homogeneidad, esta es la prueba estadística más sencilla que existe, el algoritmo más conocido de todos, el objetivo estadístico más simple del nivel investigativo relacional porque estamos trabajando con dos grupos, pero ¿qué prueba estadística tendríamos que usar si la variable aleatoria no fuera dicotómica sino politómica? Bueno, en ese caso chi cuadrado de homogeneidad todavía nos es útil porque bien podríamos aplicar la comparación de dos grupos cuando cada uno de estos grupos tiene varias categorías, pueden ser tres, cuatro, cinco, y en realidad cualquier número de categorías.

La diferencia se presenta cuando la variable aleatoria es ordinal. ¿Qué pasa si tenemos dos grupos, pero la medición que hacemos en estos dos grupos corresponde a una variable ordinal? El grado de afectación de hipertrofia adenoidea, cuyas categorías son leve, moderado y severo, y queremos comparar a un grupo de niños versus un grupo de niñas, allí tenemos los dos grupos, una variable aleatoria categórica, numérica y la prueba estadística que utilizamos es la Prueba U de Mann-Whitney. Pero si la variable aleatoria es numérica, aplicamos la t de Student para variables independientes, esto es cuando tenemos dos grupos y queremos comparar el valor medio de cada uno de estos grupos para ver si son iguales o si son diferentes. Como cuando queremos comparar el promedio académico de dos salones de clases, t de Student para muestras independientes.

Regresemos otra vez a nuestras variables categóricas, pero esta vez ya no tenemos dos grupos sino más de dos grupos, ya estamos extendiendo la complejidad de nuestro análisis estadístico. Si la variable aleatoria es categórica y sus categorías son dicotómicas, es decir, ausente y presente, pero tenemos más de dos grupos, entonces, ya se han extendido el número de grupos, tendríamos que aplicar el chi cuadrado de homogeneidad, el cual es válido incluso cuando tenemos más de dos grupos, y también es válido cuando tenemos más de dos categorías para la variable aleatoria.

Así que cuando extendemos nuestra comparación de más de dos grupos, vamos a suponer tres grupos, donde la variable aleatoria es categórica politómica como soltero, casado y conviviente, vamos a suponer que queremos comparar la proporción del estado civil entre Tacna, Arequipa y Moquegua, y el estado civil tiene las categorías de soltero, casado y conviviente también podemos aplicar el chi cuadrado de homogeneidad porque es una comparación.

Pero si la variable aleatoria es ordinal y tenemos más de dos grupos, vamos a suponer tres, como lo vimos en nuestro ejemplo de la hipertrofia adenoidea, donde las categorías estaban ordenadas en leve, moderado y severo; entonces, tendremos que aplicar la H de Kruskal-Wallis. Si la variable aleatoria es numérica, tendremos que aplicar el análisis de la varianza con un factor inter sujetos.

ANOVA con un factor inter sujetos es la comparación de más de dos grupos, vamos a suponer tres, cuatro, cinco, seis, y la variable analizada, la variable aleatoria, es numérica, es la extensión de la t de Student pero para los casos en los que tenemos más de dos grupos. Esa es la analogía con la prueba estadística anterior y podríamos continuar con esta secuencia, pero todos estos estudios que hemos mencionado son transversales, son comparaciones de grupos paralelos, de grupos externos, podrían llamarse también muestras independientes.

Pero ¿qué pasaría si trabajáramos con muestras relacionadas? Es decir, con medidas repetidas o mejor aún con estudios longitudinales, entonces, aparecen nuevos estadísticos. Como es lógico si vamos a hacer comparaciones entre medidas lo menos que podemos tener son dos medidas, porque si tuviésemos solo una y no tuviésemos un grupo paralelo, entonces, con quien comparamos, pues no se podría comparar, lo mínimo son dos medidas. Un solo grupo, estudio longitudinal muestras relacionadas, medidas repetidas.

Si hacemos dos medidas sobre un mismo grupo y la variable medida, la variable aleatoria, la única que hay es categórica, entonces, aplicamos el test de McNemar, comparación antes - después variable categórica dicotómica. Pero qué pasaría si la variable no fuese dicotómica sino politómica, es decir con más de dos categorías, antes - después, comparación de un mismo grupo; entonces, se hace una extensión y la prueba ahora se llama McNemar Bowker, es la extensión del test de McNemar para los casos en que la variable aleatoria es politómica.

¿Se puede comparar dos medidas cuando la variable aleatoria es ordinal? Sí, y esto se aplica con el test de Wilcoxon, es la comparación de dos medidas, pero estas medidas son de naturaleza ordinal.

Y si esta variable medida no fuese ordinal sino numérica, aplicaríamos la *t de Student* para muestras relacionadas, la comparación de promedios de dos medidas que se realizan sobre el mismo grupo. La diferencia entre *t de Student* para muestras relacionadas con la *t de Student* para muestras independientes, es que las muestras relacionadas corresponden a medidas repetidas y en este caso a solamente dos de un mismo grupo, mientras que la *t de Student* para muestras independientes corresponde a una sola medida pero en dos grupos distintos, por eso se les dice independientes o grupos paralelos.

Esto es solamente en el caso que tuviésemos dos medidas. ¿Qué pasaría si tuviésemos más de dos? Es decir, medidas relacionadas que pueden ser tres o cuatro, allí es donde aparece la Q de Cochran. Si la variable aleatoria es dicotómica, es categórica solamente de dos categorías y hacemos más de dos medidas, vamos a suponer tres, aplicamos la prueba Q de Cochran.

¿Qué pasaría si la variable aleatoria no es dicotómica sino más bien politómica y tenemos más de dos medidas? Pues todavía podemos utilizar la Q de Cochran, es que esta es una prueba estadística muy versátil como lo es la prueba chi cuadrado de homogeneidad, que tiene aplicación en distintos puntos del análisis estadístico.

Pero cuando la variable aleatoria es ordinal y tenemos más de dos medidas, tendremos que aplicar la F de Friedman, la prueba de Friedman, pero si la variable aleatoria es una variable numérica y hacemos más de dos medidas sobre un mismo grupo, entonces, aparece el análisis de la varianza para medidas repetidas, llamada también ANOVA con un factor intrasujetos.

Estas son las pruebas estadísticas más básicas, las pruebas más utilizadas en investigación, en ciencias de la salud y ciencias sociales. Quiero remarcar que todas pertenecen al objetivo comparativo, para diferentes tipos de investigación, para diferentes niveles de la investigación y para diferentes diseños de la investigación.

Desde el punto de vista de las escalas de la medición de las variables, las pruebas estadísticas para las variables nominales son distintas que para las variables ordinales, esto en el grupo de las variables categóricas, incluso podemos ir un poco más a fondo, las pruebas estadísticas para las variables dicotómicas son distintas a las pruebas estadísticas que se aplican a las variables politómicas, me estoy refiriendo, por supuesto, a la variable aleatoria. Mientras que en el grupo de las variables numéricas las pruebas estadísticas que se aplican a las variables de intervalo son las mismas que se aplican a las variables en escala de razón.

Dentro del grupo de las variables numéricas, la analítica que aplicamos a las variables de intervalo no difiere del análisis estadístico que debemos de aplicar a las variables en escala de razón, más bien cuando trabajamos con variables numéricas se requiere de cumplir algunos supuestos adicionales previos al análisis estadístico con estos procedimientos llamados paramétricos, para poder dar fe de la validez de sus conclusiones.

Algunas condiciones muy conocidas y muy difundidas para la aplicación de pruebas estadísticas paramétricas son, por ejemplo, la distribución normal y la homogeneidad de varianzas aunque no son los únicos. De estos temas hablaremos en el criterio número 6.

Criterio número seis

El comportamiento de los datos

Hay situaciones en las que cambiamos el procedimiento estadístico, la prueba de hipótesis, justo en el momento cuando tenemos que aplicarlo. Esto ocurre independientemente del estudio, del nivel y del diseño de investigación, del objetivo estadístico, incluso independientemente de la escala de medición de las variables, y esta situación se nos puede presentar tanto cuando trabajamos con datos numéricos como cuando trabajamos con datos categóricos.

Por esta situación vamos a dividir lo escrito en dos partes: en la primera vamos a hablar del análisis de los datos numéricos, más adelante hablaremos de cómo es que se cambia el procedimiento estadístico a último minuto cuando trabajamos con los datos categóricos.

Procedimientos estadísticos para datos numéricos

Existen dos clases de pruebas estadísticas: las paramétricas y las no paramétricas. Las pruebas estadísticas que siempre deberíamos realizar son las paramétricas porque tienen mayor capacidad para detectar una relación real o verdadera siempre que esta exista. Pero estas pruebas le exigen a los datos algunas condiciones que varían de acuerdo al procedimiento que tenemos que ejecutar.

Vamos a ponernos en la situación más sencilla de todas, supongamos que queremos comparar dos grupos en los que se ha hecho la evaluación de una variable numérica, es decir, que tendríamos que aplicar la prueba t de Student para muestras independientes.

Los tres requisitos que debemos de cumplir son variable numérica, normalidad y homocedasticidad. Veamos: la variable numérica siempre la vamos a cumplir por cuanto estamos pretendiendo desarrollar un procedimiento estadístico parametrito, de hecho, sí, la t de Student es un procedimiento paramétrico, cada uno de los grupos debe exhibir normalidad en su distribución.

Si tenemos dos salones de clases y en ellos queremos comparar el rendimiento académico, tendremos que demostrar previamente la distribución normal para cada uno de los grupos, por supuesto, no se trata solamente de describir la distribución, sino de realizar una prueba de hipótesis con la que estemos seguros de que la distribución de la variable que estamos analizando en cada uno de los grupos no difiere de la distribución normal; para ello, utilizamos la prueba estadística denominada Z de Kolmogorov Smirnov, fíjate que aún no hemos desarrollado el procedimiento de la t de Student porque este es un paso previo a la prueba de hipótesis que más adelante deberemos completar.

La prueba de normalidad no se exhibe en los resultados, sino que es un requisito que se tiene que cumplir para poder aplicar la prueba de t de Student, y si no podemos aplicar una prueba estadística paramétrica, que alternativa nos queda, qué procedimiento o qué prueba de hipótesis es la versión no paramétrica de la prueba de t. En ese caso tendríamos que aplicar la prueba U de Mann-Whitney que originalmente fue desarrollada para la comparación de dos grupos cuando la variable aleatoria es ordinal pero que bien se puede aplicar en los casos en que la distribución de los datos no cuenta con normalidad.

El tercero de los criterios que tenemos que cumplir es el de la homocedasticidad, recuerda que los dos primeros fueron el de ser variable numérica y el de la normalidad. Homocedasticidad significa que la variabilidad de los dos grupos no es distinta. La variabilidad se expresa en términos de varianza y cuando es evaluada en cada grupo no debe ser diferente para poder hacer la comparación, no para llegar a la conclusión acerca de la diferencia de los grupos, recordemos, esto es un criterio previo a la aplicación de la prueba de t de Student.

Es que si los dos grupos que vamos a comparar no tienen la misma variabilidad, entonces, existe mayor probabilidad de equivocarnos al momento de llegar a la conclusión de que los dos grupos son distintos.

Homocedasticidad en términos sencillos significa que las varianzas de los dos grupos no son diferentes; dicho de otro modo, son homogéneas o son iguales en términos generales. Esto es la homogeneidad e varianzas u homocedasticidad, pero para poder llegar a la conclusión de que la variabilidad de los grupos a comparar es la misma también o por lo menos no es diferente, tendremos que aplicar una prueba de hipótesis. En este caso, el test de Levene es el procedimiento que tenemos que seguir.

Plantearemos un sistema de hipótesis como clásicamente lo hacemos para la comparación, hipótesis nula, las varianzas de los dos grupos no son diferentes, las varianzas de los dos grupos son diferentes, es bajo este sistema sobre el cual desarrollamos el ritual de la significancia estadística; pero para la demostración de la homocedasticidad en estos dos grupos, luego de haber demostrado que las varianzas de los dos grupos son iguales o, por lo menos, no son diferentes es que recién podremos aplicar el procedimiento estadístico paramétrico.

Una prueba de t de Student requiere de la condición o naturaleza numérica de la variable a la cual se le aplica, más el requisito de la normalidad y la homogeneidad de varianzas entre grupos que se va a comparar; por supuesto, si lo que vamos comparar son más de dos grupos, la homogeneidad de varianza debe exhibirse en el conjunto total de los grupos que vamos a analizar.

Estos son los requisitos básicos para la realización de una prueba de t de Student como procedimiento estadístico paramétrico, pero cada prueba estadística paramétrica que tendremos que desarrollar en un análisis estadístico más avanzado tendrá sus propios requisitos, como cuando realizamos la regresión lineal múltiple también habrá algunas condiciones previas que deberemos cumplir antes de asumir que las conclusiones a las que hemos llegado son reales.

Esto es solamente es un ejemplo de que existen condiciones previas para desarrollar una prueba estadística paramétrica, que para los casos en los que no se cumplen estas condiciones tendremos que elegir una alternativa no paramétrica y esto es totalmente independiente del tipo de estudio, del nivel investigativo, del diseño de la investigación, del objetivo estadístico y de la escala de medición de las variables. Este es el comportamiento de los datos que hace cambiar el procedimiento estadístico a último minuto solamente por el comportamiento de los datos.

Procedimientos estadísticos para datos categóricos

Veamos ahora un caso análogo de lo que ocurre con los datos categóricos. Vamos a ver cómo es que el comportamiento de los datos puede hacer cambiar una prueba de hipótesis, un procedimiento, cuando estamos realizando el análisis de los datos categóricos.

Vamos a suponer que tenemos dos variables y para ponerlo más sencillo, ambas variables son dicotómicas. El primer modelo matemático que podemos construir a partir de estas dos variables es cuando ambos factores son fijos, vamos a denominar factor a la variable que estamos introduciendo al análisis estadístico.

Dijimos que una variable fija o factor fijo es aquella cuya distribución se conoce antes de la recolección de los datos; por ejemplo, si vamos a comparar el rendimiento académico de dos salones de clases y cada salón cuenta con 30 alumnos, ya sabemos que en nuestra tabla, en nuestro resultado, habrá un total de 30 alumnos en el salón "A" y 30 alumnos en el salón "B", 50% para cada uno, esto no es una novedad, esto ya lo sabíamos antes de recolectar la información.

Pero el rendimiento académico se evalúa o se mide en el proceso mismo de la investigación, es después de la recolección de los datos que conocemos su distribución y su comportamiento. Por eso se le denomina variable aleatoria o factor aleatorio, porque si lo representamos como una variable dicotómica sus categorías serían aprobado o desaprobado, pero antes de la recogida de datos no sabemos cuántos están aprobados y cuantos están desaprobados, lo que sí sabemos es el número de alumnos por salón, esta característica, esta variable salón de clases, cuyas categorías son A y B, es una variable fija o factor fijo.

Bien, el modelo matemático uno es aquel que cuenta con dos factores fijos y esto corresponde clásicamente a los experimentos; tratándose de una tabla de contingencia de dos por dos, la prueba estadística que tenemos que aplicar es el test exacto de Fisher; tratándose de un experimento, habitualmente trabajamos con un número reducido de unidades de estudio o unidades experimentales, pero con estas dos variables categórica y dicotómica que hemos mencionado inicialmente, también podemos construir un modelo matemático dos.

Este modelo está caracterizado por tener un factor fijo y un factor aleatorio, es lo que comúnmente denominamos como comparación y es el que encaja perfectamente con nuestro ejemplo de la comparación del rendimiento académico de dos salones de clases. El factor fijo es la variable salón de clases cuyas categorías son A y B, y el factor aleatorio es el rendimiento académico cuyas categorías dicotomizadas son aprobado y desaprobado.

Clásicamente aplicamos la prueba estadística chi cuadrado de homogeneidad para saber si los dos salones de clases son iguales o son diferentes, bajo estas dos premisas o proposiciones es que desarrollamos la comparación, la prueba de hipótesis para este modelo matemático número dos.

Pero también podríamos construir un tercer modelo matemático a partir de estas dos variables. Este es el caso cuando ambos factores son aleatorios, ambas variables son conocidas o su distribución no es conocida antes del proceso de la recolección de los datos, por eso ambas características son aleatorias.

Vamos a suponer que queremos plantear la asociación entre la hipertensión y la diabetes en un grupo de personas mayores de sesenta y cinco años, vamos a suponer cien personas. No conocemos cuántas personas de estas cien tienen hipertensión antes de recolectar la información y tampoco sabemos cuántas personas tienen diabetes en este grupo de cien personas antes de realizar estas mediciones, por eso ambas características son aleatorias, y este modelo matemático se conoce como modelo tres.

La prueba estadística que tenemos que aplicar en este caso es el chi cuadrado de independencia, que ciertamente utiliza el mismo algoritmo que el modelo matemático dos, pero cuyo principio es totalmente distinto. De hecho, el objetivo estadístico es diferente, el chi cuadrado de independencia responde al objetivo estadístico asociar, mientras que el chi cuadrado de homogeneidad responde al objetivo estadístico comparar.

En la secuencia natural del proceso investigativo de una línea de investigación existen diferentes momentos para desarrollar estos objetivos estadísticos. Primero es el objetivo comparativo y después es el objetivo estadístico asociar, porque la comparación nace de la percepción subjetiva del investigador. ¿Qué razón habría de comparar el rendimiento de dos salones de clases? Es porque el investigador sospecha que el rendimiento en estos dos grupos no es el mismo, pero ya una vez demostrada la diferencia entre los dos salones, busca determinar la asociación entre le posible factor que está influenciando en el bajo rendimiento académico de los estudiantes, y esta vez realizará o ejecutará el objetivo estadístico asociar.

Esta secuencia natural parece ser muy clara cuando tenemos solamente dos grupos, pero que pasaría si partes de la comparación de tres, cuatro, cinco o seis grupos, y además cada uno de estos grupos es evaluado por una variable no dicotómica sino politómica.

Ahora, imagina una comparación de seis grupos donde la variable aleatoria es politómica y tiene seis categorías. Te resultaría una tabla de contingencia de seis por seis. Una prueba de independencia en este caso no tiene mucho sentido porque aunque encontraras un p-valor significativo te sería muy difícil identificar que factor de nuestra primera variable se encuentra asociado a nuestra segunda variable.

Para esto bastará que hagas una comparación de grupos y ya una vez identificadas las diferencias tendremos que identificar cuál es el factor de interés en cada una de las variables para poder realizar la asociación en una tabla de contingencia de dos por dos. De hecho, lo ideal siempre es llegar a una tabla tetracórica o de cuatro núcleos, adicionalmente vamos a mencionar a la corrección por continuidad o corrección de Yates.

Cuando trabajamos con un número reducido de unidades de estudio, con un grupo muy pequeño, es probable que los valores esperados para la tabla de contingencia también sean muy reducidos, y en estos casos la prueba estadística chi cuadrado de Pearson, el algoritmo que utilizamos, ya sea para a comparación o la asociación, pierde potencia.

En este caso tenemos que hacer una corrección en el algoritmo y consiste en restar 0.5 unidades a la diferencia entre el valor observado y el valor esperado que ejecutamos para hacer el cálculo del estadístico. A esto se le conoce con el nombre de corrección por continuidad o corrección de Yates y se aplica cuando uno o más de uno de los valores esperados en la tabla de contingencia de dos por dos es menor a 5.

Incluso algunos software estadísticos nos advierten de esta situación presentando no solamente los valores esperados, sino advirtiendo cuál fue el valor mínimo encontrado en los cuatro núcleos de la tabla de contingencia. Como puedes ver no basta con decir qué procedimiento estadístico vamos a usar, sino que podemos cambiarlo a último minuto. Por lo tanto, escribir en el proyecto de investigación exactamente la prueba de investigación que vamos a utilizar sería un error.

Finalmente, no todo es prueba de hipótesis en estadística, sino que hay muchos procedimientos estadísticos que no son pruebas de hipótesis, que no pretenden demostrar la veracidad o la falsedad de la proposición del investigador. Por esta razón, estos son los seis criterios para elegir un procedimiento estadístico.

ACERCA DEL AUTOR

El Dr. José Supo es Médico Bioestadístico, Doctor en Salud Pública, director de www.bioestadístico.com y autor del libro "Seminarios de Investigación Científica".

Programas de entrenamiento desarrollados por el autor:

1. Análisis de Datos Aplicado a la Investigación Científica
2. Seminarios de Investigación Para la Producción Científica
3. Validación de Instrumentos de Medición Documentales
4. Técnicas de Muestreo Probabilístico en Investigación
5. Proyecto de Investigación - Diseño de casos y controles
6. Análisis Multivariado - Diseños Experimentales
7. Análisis de Datos Categóricos y Regresiones Logísticas
8. Técnicas de análisis Predictivos y Modelos de Regresión
9. Control de Calidad: Análisis del Proceso, Resultado e Impacto
10. Minería de Datos para la Investigación Científica.
11. Entrenamiento para Tutores, Jurados y Asesores de tesis
12. Herramientas para la Redacción y Publicación Científica

MÁS SOBRE EL AUTOR

El Dr. José Supo es conferencista en métodos de investigación científica, entrenador en análisis de datos aplicado a la investigación científica y desarrolla talleres sobre los siguientes:

Libros y audiolibros publicados por el autor:

1. Cómo se hace una tesis
2. Cómo ser un tutor de tesis
3. Cómo asesorar una tesis
4. Cómo evaluar una tesis
5. El propósito de la investigación
6. Las variables analíticas
7. Cómo elegir una muestra
8. Cómo validar un instrumento
9. Cómo probar una hipótesis
10. Cómo se elige una prueba estadística
11. Validación de pruebas diagnósticas
12. Técnicas de recolección de datos

¿Quieres saber más?

www.seminariosdeinvestigacion.com

www.ingramcontent.com/pod-product-compliance
Lightning Source LLC
Chambersburg PA
CBHW021414170526
45164CB00002B/643